Desde la gruta de la plataforma del

El sabor de las matemáticas

Sabor

De

Matemáticas

Concentrarse en el JAMES COVERSION

Volumen 3

TEMITOPE JAMES

Autor y matemático

C.E.O: el sabor de las matemáticas

www.flavorofmathematics.com

temitopejames922@gmail.com

Las matemáticas es su comida...........

SABOR DE MATEMÁTICAS

Es un

compañía matemáticos que permitan atender a sus necesidades matemáticas en cualquier momento.

Para la correspondencia, las cuestiones, comentarios, invitaciones, medios de comunicación y marca de negocio se conectan ... nos .email y te responderemos en un plazo de 24 horas. Email @

info@flavorofmathematics.com

O

Ir a través de nuestro sitio web para saber más sobre nosotros en *www.flavorofmathematics.com* o visite nuestro blog para actualizaciones de noticias matemáticas, matemático, al lado viene libros de la SABOR DE MATEMÁTICAS @

flavorofmathematics.blogspot.com

Reconocimiento

Deseo agradecerles a mis seres queridos, colegas y amigos de matemáticas para mostrarme de cuidado, amor, apoyo y afecto hacia la publicación de este libro. Todos ustedes seguirán siendo siempre muy apreciados en mi corazón.

Todos los seguidores y amigos de la página de Facebook, sabor, amigos, nuestros sitios web oficiales, Twitter y el blog de el sabor de las matemáticas. Gracias por su aliento, - correos y apoyo. Agradezco y agradezco a todos por sus comentarios.

Dedicación

Dedico este libro a Dios todopoderoso por darme la sabiduría y el conocimiento para escribir este libro con facilidad. Alabado sea su nombre para siempre.

También quiero dedicar este libro a mi hermosa hija (Esther James) y su hijo (Flavor James). La sonrisa en su cara me da alegría siempre agradecemos su presencia en mi vida.

También quiero dedicar este libro a cada devoto matemático que se tomó su tiempo para contribuir al éxito de la enseñanza de la matemática en todo el mundo.

Prefacio

El sabor de las matemáticas es una compañía internacional de matemáticas pretende inculcar el estudio de las matemáticas básicas y fundamentales en las vidas de todos los clientes y estudiantes de esta nueva generación. Nuestro deber es crear preguntas para resolver cómodamente para prepararse para cada examen interior y exterior en el mundo.

Desde la gruta de EL SABOR DE LAS MATEMÁTICAS, aquí viene la mayoría declaró claramente sub tema libro de la nueva generación; titulado "EL SABOR DE LAS MATEMÁTICAS" (concentrado en la conversión de James).

Este libro explica claramente la raíz de la conversión de James en matemáticas. Es un libro que exponga todo hecho que necesita saber en el James Conversión de ecuaciones. Se trata de un completo libro explicativo significaba para todo el nivel de los alumnos a aumentar su cociente intelectual en el estudio de la conversión de James para lograr el éxito en sus exámenes de matemáticas. Se trata de un completo libro de texto/oficial, que tiene una gran ventaja que se indica a continuación.

- *Declaró claramente exposición al comienzo de todas las noticias y temas para la adecuada comprensión y sencilla*
- *Desglose de las preguntas para la comprensión y el aprendizaje para la fácil captura de cálculos y expresiones*
- *El libro contiene preguntas difíciles y opciones para estudiantes superdotados del mundo*

- *Contiene una amplia revisión de las preguntas para el ejercicio*
- *Numerosas preguntas graduadas para aumentar el cociente intelectual de los estudiantes*
- *Respuestas a las preguntas o sugerencias para una fácil comprensión y agarrar cada pregunta con facilidad de estudios equilibrado*

Este libro está escrito, arreglado, bien escrito a estudiantes que están dispuestos a ser sonido, valientes y fuertes, psicológicamente en matemáticas. Este libro es útil para los estudiantes de todas las categorías en todo el mundo relacionados con la gestión empresarial de las matemáticas, matemática industrial, doméstico y comercial de matemáticas matemáticas. Es un libro significaba tanto para los junior y senior high school de todas las categorías en el mundo, y también a nivel universitario de adelanto para la ampliación de estudios matemáticos para fines de referencia.

Por lo tanto, el sabor de MATEMATICS es un libro recomendado para usted. Comprar este libro, percibir el aroma, come, se alimentan de él, vino y cenar con ella y estrictamente resolverlo. Este libro cubre cada explicación que usted necesita en el James conversión que os fortalezca para su avance en las matemáticas.

Desde el sabor de las matemáticas....Nos ruega que usted tiene una copia de este libro, sentarse y relajarse y disfrutar de todo el sabor de las matemáticas (concentrado en la conversión de James)..... Tener una solución feliz y la lectura.

TEMITOPE JAMES

C.E.O del sabor de las matemáticas

El sabor de las matemáticas

M = *Muchas personas me desagrada porque tienen la sensación de que soy demasiado difícil*

A = *Todo estará incompleto sin mí*

T = *intenta practicar yo y usted deberá acostumbrarse a mí*

H = *cómo algunas personas se sienten tristes cuando oyen de mí*

E = *emplearme y averiguar que soy único entre todos los otros cursos*

M = *muchas soluciones a sus problemas matemáticos a través de mí*

A = *al menos, puedo ayudar a los que trabajan conmigo*

T = *Intentar yo y usted será grande entre iguales*

I = *será bueno para usted si usted se concentra en mí*

C = *venga a mí y usted será buena en todos los cálculos*

S = *Estudio conmigo y te darás cuenta de que no soy tan difícil como usted piensa.*

Introducción

La introducción de la conversión de James se ha analizado desde el volumen uno y el volumen dos del tema desde la plataforma del sabor de las matemáticas

Este es un nuevo tema que fue investigado, probado y aplicable a las reglas estándar de las matemáticas. La conversión de James es un tema excepcional que contiene un montón de términos y reglas a seguir para lograr una última expresión concreta de la conversión.

En el estudio de la conversión de James, no hay muchas explicaciones porque las muestras de las preguntas le mostrará automáticamente cómo el tema es tan único para ser un tema básico de matemáticas.

Este tema puede ser tratada por los estudiantes de secundaria y universitarios que estudian matemáticas pero no significaba para los principiantes. La conversión de James es un tema muy difícil que requiere mucha atención en el aprendizaje y la solución.

La conversión de James trata de la fusión de tres temas que efectivamente corresponden

Los unos a los otros en términos de su expresión. Los dos temas son

- **La base numérica**
- **Los determinantes de matrices**
- **Los pares de ecuaciones**
  Vea una breve explicación a continuación acerca de los temas

La base numérica

El número de base familiar es un tema que nosotros en el árbol de la matemática. Es el uso del sistema binario que conduce a la producción de la cantidad base de cualquier expresión matemática.

Nota

- **Comprar el libro "Las matemáticas es su alimento" (La comida del número base) para resolver las preguntas sobre el uso de la base de numeración**

- **Comprar el libro "El sabor de las matemáticas (concentrado en el sistema binario) para una explicación más detallada del sistema binario (base)**

La determinante matricial

La matriz es una matriz rectangular de números mientras que el factor determinante es la permutación de las series de números en la matriz. El Cramer la ley de Matrix se utiliza para encontrar los valores desconocidos del dos por cuatro ecuaciones, dos por seis ecuaciones y los tres por seis ecuaciones de James Conversión de ecuaciones

Nota

- **Comprar el libro "Las matemáticas es su alimento" (la comida de matrices) para resolver las preguntas sobre el uso de matrices y determinantes**

- **Comprar el libro "El sabor de las matemáticas (concentrado de matrices) para una explicación más detallada de la matriz determinante (volumen 2)**

La ecuación emparejado

La ecuación emparejado puede ser descrito como el emparejamiento de los dos por dos ecuaciones, ecuaciones de tres por tres, dos por cuatro ecuaciones, etc. Para mayor explicación de los pares de ecuaciones

Nota;

- *Comprar el libro "Matemáticas identificación tu comida" (James aplicación de ecuaciones) para resolver preguntas más sobre los pares de ecuaciones.*

- *Comprar el libro "El misterio y el milagro de las matemáticas" para una explicación más detallada de las ecuaciones emparejados en el estudio de la aplicación de ecuaciones de James.*

JAMES de la ecuación de conversión

Ahora, el James conversión de ecuaciones se puede describir como el acto de convertir el número expresión base de valores desconocidos para producir una ecuación emparejados para el descubrimiento de los valores desconocidos.

Además, la conversión de James puede ser descrito como el acto de convertir el número expresión base de valores desconocidos a una ecuación emparejado con el fin de encontrar los valores dados desconocido desde el número expresión base.

Nota; todos los matemáticos, estudiantes, tutores y amantes de la matemática debería comprender el James aplicación de ecuaciones y el uso del sistema binario para tener el conocimiento de la conversión de James de ecuaciones. Busque en nuestra lista de libros el sabor de las matemáticas y de la compra de cualquiera de los libros sobre la aplicación de las ecuaciones de James y el sistema binario.

El James conversión de ecuaciones es una muy interesante, tedioso, agotador, tema técnico que actualmente necesita su atención para la concentración. Existen diferentes

formas de resolver las ecuaciones de conversión de James. Son

- i.   **La conversión de dos en dos**
- ii. **La conversión de tres por tres**
- iii. **La conversión de dos por cuatro**
- iv. **La conversión de dos por seis**
- v.   **Los tres por seis la conversión**

Estos sub - tema de arriba son muy tedioso, arduo y técnico. Aunque son sencillas hasta un punto y la letra a, requiere atención y discreción en la solución de los mismos. Hay algunos puntos esenciales que necesita saber cuando resolver preguntas sobre la base de la conversión de James de ecuaciones. Son

- i.   **La conversión de James de ecuaciones dos grandes cualidades; SIMPLE Y RESISTENTE**

- ii. **Al resolver el sistema de ecuaciones de conversión de James, número diferente base es dada a la expresión binaria. ej.**

$$ABC_3 = 21$$
$$(2A)(3B)C_2 = 10$$
$$AB(2C)_4 = 13$$

En la anterior expresión binaria, el número es diferente el uno del otro es decir, 3, 2 y 4

iii.   **Cuando el mismo número base están dados a la expresión binaria binaria, la expresión debe ser diferente de todas las demás expresiones**

$$(4A)(2B)(4C)_3 = 21$$
$$(2A)(3B)C_3 = 10$$
$$(3A)B(2C)_3 = 13$$

En la anterior expresión binaria, la base es la misma mutuamente i.e 3, 3 y 3. Asimismo, la expresión binaria es diferente.

iv.   **Resolver el tres por seis de la ecuación de conversión, se tarda aproximadamente 1 hora para un matemáticos, estudiantes y tutores para resolverlo**

v.   **El James Conversión de ecuaciones pueden ser también aplicables a cualquier forma de tema secundario en matemáticas que tiene la expresión de la solución en sí.**

vi.   **La ecuación de dos en dos y el tres por tres ecuación puede resolverse con el uso de la sustitución y el Cramer la ley de matrix**

vii.   **El dos por cuatro ecuaciones, dos por seis ecuaciones y los tres por seis ecuación puede resolverse con el uso de la la ley de Cramer matriz únicamente.**

Los estudiantes y los tutores deben tomar nota de la información anterior y saber cómo resolver las ecuaciones de conversión de James con el uso de la la ley de Cramer de Matrix y la utilización del método de sustitución en las diferentes formas del tema.

En este tercer volumen de la conversión de James de ecuaciones, vamos a estudiar el uso de los tres por seis ecuaciones. Se explican brevemente con sus muestras conectados a ellos

Los tres por seis ecuaciones

Los tres por seis ecuaciones de James de la ecuación de conversión es una solución muy técnica que implica la búsqueda de seis valores desconocidos en un sistema binario de expresión que se convierte en un Cramer la ley de forma matricial de la ecuación. Es una expresión muy técnico que también debemos estudiar acerca de la conversión de James de ecuaciones. Ver ejemplos abajo.

Ejemplos

1. **Encontrar los valores desconocidos en la siguiente expresión del sistema binario**

   $(3B)(4K)(2A)DMX_3 = 22$

   $B(2K)(3A)(2D)M(2X)_2 = 16$

   $BKAD(4M)(9X)_4 = 6$

   Solución

La conversión de la expresión de
$(3B)(4K)(2A)DMX_3 = 22$ es dado como

$(3B \times 3^5) + (4K \times 3^4) + (2A \times 3^3) + (D \times 3^2) + (M \times 3^1) + (X \times 3^0) = 22$

Se convierte en

$729B + 324K + 54A + 9D + 3M + X = 22$

La conversión de la expresión de $B(2K)(3)(2D)M(2X)_2 = 16$ es dado como

$(B \times 2^5) + (2K \times 2^4) + (3A \times 2^3) + (2D \times 2^2) + (M \times 2^1) + (2X \times 2^0) = 16$

Se convierte en

$32B + 32K + 24A + 8D + 2M + 2X = 16$

La conversión de la expresión de $BKAD(4M)(9X)_4 = 6$ es dado como

$(B \times 4^5) + (K \times 4^4) + (A \times 4^3) + (D \times 4^2) + (4M \times 4^1) + (9X \times 4^0) = 6$

Se convierte en

$1024B + 256K + 64A + 16D + 16M + 9X = 6$

Emparejamiento de los tres ecuaciones juntos y resuelto, se vuelve

$$729B + 324K + 54A + 9D + 3M + X = 22$$
$$32B + 32K + 24A + 8D + 2M + 2X = 16$$
$$1024B + 256K + 64A + 16D + 16M + 9X = 6$$

Hemos resuelto a las anteriores ecuaciones con el Cramer la ley de matrix

$$\begin{bmatrix} 729 & 324 & 54 \\ 32 & 32 & 24 \\ 1024 & 256 & 64 \end{bmatrix} + \begin{bmatrix} 9 & 3 & 1 \\ 8 & 2 & 2 \\ 16 & 16 & 9 \end{bmatrix}$$

El determinante de $\begin{bmatrix} 729 & 324 & 54 \\ 32 & 32 & 24 \\ 1024 & 256 & 64 \end{bmatrix}$ **es 2985984**

El determinante de $\begin{bmatrix} 9 & 3 & 1 \\ 8 & 2 & 2 \\ 16 & 16 & 9 \end{bmatrix}$ **es – 150**

Por lo tanto, el factor determinante de la expresión es (2985984 + (– 150) = 2985834)

Encontrar los valores desconocidos de la expresión dada a continuación

Desde el determinante es 2985834, los factores determinantes de las otras expresiones en forma de encontrar los valores desconocidos se dan a continuación.

Para obtener el valor de B $\begin{bmatrix} 22 & 324 & 54 \\ 16 & 32 & 24 \\ 6 & 256 & 64 \end{bmatrix}$

$$22\begin{vmatrix} 32 & 24 \\ 256 & 64 \end{vmatrix} - 324\begin{vmatrix} 16 & 24 \\ 6 & 64 \end{vmatrix} + 54\begin{vmatrix} 16 & 32 \\ 6 & 256 \end{vmatrix}$$

(El determinante es – 164416)

Para obtener el valor de K $\begin{bmatrix} 729 & 22 & 54 \\ 32 & 16 & 24 \\ 1024 & 6 & 64 \end{bmatrix}$

$$\mathbf{729}\begin{vmatrix} 16 & 24 \\ 6 & 64 \end{vmatrix} - \mathbf{22}\begin{vmatrix} 32 & 24 \\ 1024 & 64 \end{vmatrix} + \mathbf{54}\begin{vmatrix} 16 & 24 \\ 6 & 64 \end{vmatrix}$$

(El determinante es 262768)

Para obtener el valor de un $\begin{bmatrix} 729 & 324 & 22 \\ 32 & 32 & 16 \\ 1024 & 256 & 6 \end{bmatrix}$

$$\mathbf{729}\begin{vmatrix} 32 & 16 \\ 256 & 6 \end{vmatrix} - \mathbf{324}\begin{vmatrix} 32 & 16 \\ 1024 & 6 \end{vmatrix} + \mathbf{22}\begin{vmatrix} 32 & 32 \\ 1024 & 256 \end{vmatrix}$$

(El determinante es 1859520)

Para obtener el valor de D $\begin{bmatrix} 22 & 3 & 1 \\ 16 & 2 & 2 \\ 6 & 16 & 9 \end{bmatrix}$

$$\mathbf{22}\begin{vmatrix} 2 & 2 \\ 2 & 9 \end{vmatrix} - \mathbf{3}\begin{vmatrix} 16 & 2 \\ 6 & 9 \end{vmatrix} + \begin{vmatrix} 2 & 2 \\ 16 & 9 \end{vmatrix}$$

(El determinante se – 460)

Para obtener el valor de M $\begin{bmatrix} 9 & 22 & 1 \\ 8 & 16 & 2 \\ 16 & 6 & 9 \end{bmatrix}$

$$\mathbf{9}\begin{vmatrix} 16 & 2 \\ 6 & 9 \end{vmatrix} - \mathbf{22}\begin{vmatrix} 8 & 2 \\ 16 & 9 \end{vmatrix} + \begin{vmatrix} 8 & 16 \\ 16 & 6 \end{vmatrix}$$

(El determinante es 100)

Para obtener el valor de x. $\begin{bmatrix} 9 & 3 & 22 \\ 8 & 2 & 16 \\ 16 & 16 & 6 \end{bmatrix}$

$$9\begin{vmatrix} 2 & 16 \\ 16 & 6 \end{vmatrix} - 3\begin{vmatrix} 8 & 16 \\ 16 & 6 \end{vmatrix} + \begin{vmatrix} 8 & 2 \\ 16 & 16 \end{vmatrix}$$

(El determinante es 540)

Desde el principal determinante de la expresión es 2986134, los valores de la expresión son descompuestos y el valor de la determinante se descompone para producir la siguiente respuesta tan

$B = {}^{-82208}/_{1492917}$, $A = {}^{309920}/_{497639}$, $M = {}^{50}/_{1492917}$, $K = {}^{131384}/_{1492917}$, $D = {}^{-230}/_{1492917}$, $X = {}^{90}/_{497639}$

2. ¿Cuáles son los valores desconocidos en la siguiente expresión del sistema binario?

$A(2C)(3B)(4D)XY_5 = 11$

$(2A)(2C)BD(3X)Y_2 = -3$

$AC(2B)(2D)XY_4 = 6$

Solución

La conversión de la expresión de $A(2C)(3B)(4D)XY_5 = 11$ es dada como

$$(A \times 5^5) + (2C \times 5^4) + (3B \times 5^3) + (4D \times 5^2) + (X \times 5^1) + (Y \times 5^0) = 11$$

Se convierte en

$3125A + 1250C + 375B + 100D + 5X + Y = 11$

La conversión de la expresión (2A)
(2A)(2C)BD(3X)Y$_2$ = − 3 es dado como

$(2A \times 2^5) + (2C \times 2^4) + (B \times 2^3) + (D \times 2^2) + (3X \times 2^1) + (Y \times 2^0) = -3$

Se convierte en

$64A + 32C + 8B + 4D + 6X + Y = -3$

La conversión de la expresión de AC(2B)(2D)XY$_4$
= 6 es dado como

$(A \times 4^5) + (C \times 4^4) + (2B \times 4^3) + (2D \times 4^2) + (X \times 4^1) + (Y \times 4^0) = 6$

Se convierte en

$1024A + 256C + 128B + 32D + 4X + Y = 6$

Emparejamiento de los tres ecuaciones juntos y resuelto, se vuelve

$3125A + 1250C + 375B + 100D + 5X + Y = 11$

$64A + 32C + 8B + 4D + 6X + Y = -3$

$1024A + 256C + 128B + 32D + 4X + Y = 6$

Hemos resuelto a las anteriores ecuaciones con el Cramer la ley de matrix

$$\begin{bmatrix} 3125 & 1250 & 375 \\ 64 & 32 & 8 \\ 1024 & 256 & 128 \end{bmatrix} + \begin{bmatrix} 100 & 5 & 1 \\ 4 & 6 & 1 \\ 32 & 4 & 1 \end{bmatrix}$$

El determinante de es 256000 $\begin{bmatrix} 3125 & 1250 & 375 \\ 64 & 32 & 8 \\ 1024 & 256 & 128 \end{bmatrix}$

El determinante de $\begin{bmatrix} 100 & 5 & 1 \\ 4 & 6 & 1 \\ 32 & 4 & 1 \end{bmatrix}$ **es 164**

Por lo tanto, el factor determinante de la expresión es (256000 + 164 = 256164)

Encontrar los valores desconocidos de la expresión dada a continuación

Desde el determinante es 256164, los factores determinantes de las otras expresiones en forma de encontrar los valores desconocidos se dan a continuación.

Para obtener el valor de un $\begin{bmatrix} 11 & 1250 & 375 \\ -3 & 32 & 8 \\ 6 & 256 & 128 \end{bmatrix}$

$$11 \begin{vmatrix} 32 & 8 \\ 256 & 128 \end{vmatrix} - 1250 \begin{vmatrix} -3 & 8 \\ 6 & 128 \end{vmatrix} + 375 \begin{vmatrix} -3 & 32 \\ 6 & 256 \end{vmatrix}$$

(El determinante es 202528)

$$\text{Para obtener el valor de } C \begin{bmatrix} 3125 & 11 & 375 \\ 64 & -3 & 8 \\ 1024 & 6 & 128 \end{bmatrix}$$

$$3125 \begin{vmatrix} -3 & 8 \\ 6 & 128 \end{vmatrix} - 11 \begin{vmatrix} 64 & 8 \\ 1024 & 128 \end{vmatrix} + 375 \begin{vmatrix} 64 & -3 \\ 1024 & 6 \end{vmatrix}$$

(El determinante es – 54000)

$$\text{Para obtener el valor de } B \begin{bmatrix} 3125 & 1250 & 11 \\ 64 & 32 & -3 \\ 1024 & 256 & 6 \end{bmatrix}$$

$$3125 \begin{vmatrix} 32 & -3 \\ 256 & 6 \end{vmatrix} - 1250 \begin{vmatrix} 64 & -3 \\ 1024 & 6 \end{vmatrix} + 11 \begin{vmatrix} 3 & 32 \\ 1024 & 256 \end{vmatrix}$$

(El determinante es – 1500224)

$$\text{Para obtener el valor de } D \begin{bmatrix} 11 & 5 & 1 \\ -3 & 6 & 1 \\ 6 & 4 & 1 \end{bmatrix}$$

$$11 \begin{vmatrix} 6 & 1 \\ 4 & 1 \end{vmatrix} - 5 \begin{vmatrix} -3 & 1 \\ 6 & 1 \end{vmatrix} + \begin{vmatrix} -3 & 6 \\ 6 & 4 \end{vmatrix}$$

(El determinante es 19)

$$\text{Para obtener el valor de } x. \begin{bmatrix} 100 & 11 & 1 \\ 4 & -3 & 1 \\ 32 & 6 & 1 \end{bmatrix}$$

$$100 \begin{vmatrix} -3 & 1 \\ 6 & 1 \end{vmatrix} - 11 \begin{vmatrix} 4 & 1 \\ 32 & 1 \end{vmatrix} + \begin{vmatrix} 4 & -3 \\ 32 & 6 \end{vmatrix}$$

(El determinante se – 472)

Para obtener el valor de Y. $\begin{bmatrix} 100 & 5 & 11 \\ 4 & 6 & -3 \\ 32 & 4 & 6 \end{bmatrix}$

$$\mathbf{100} \begin{vmatrix} 6 & -3 \\ 4 & 6 \end{vmatrix} - \mathbf{5} \begin{vmatrix} 4 & -3 \\ 32 & 6 \end{vmatrix} + \mathbf{11} \begin{vmatrix} 4 & 6 \\ 32 & 4 \end{vmatrix}$$

(El determinante se 2264)

Desde el principal determinante de la expresión es 256164, los valores de la expresión son descompuestos y el valor de la determinante se descompone para producir la siguiente respuesta tan

$$A = {}^{50632}\!/_{64041}, \quad C = {}^{-4500}\!/_{21347}, \quad B = {}^{-375056}\!/_{64041}, \quad D = {}^{19}\!/_{256164}, \quad X = {}^{-118}\!/_{64041}, \quad Y = {}^{566}\!/_{64041}$$

La explicación anterior de James Conversión de ecuaciones es un tema muy técnico que debe ser resuelto con cuidado por cualquier individuo o matemático

Esto implica el acto de encontrar los valores desconocidos en un binario de expresión que se convierten en forma de una ecuación. La ecuación anterior es comprensible para cada matemático y estudiantes que desean una

mayor ampliación del conocimiento en matemáticas.

Para resolver preguntas más sobre la conversión de James de ecuaciones, comprar el libro (Matemáticas es su alimento) "La comida de los James Conversión" desde la plataforma del sabor de las matemáticas para resolver más cuestiones interesantes. El volumen tres de la conversión de James es uno de los más difíciles sub - tema que puede ser resuelto por aproximadamente unos 45 minutos a 1 hora. Usted debe tener mucho cuidado cuando - resolver el James Conversión de ecuaciones. El ejercicio de clase se dan a continuación. Disfrute el sabor de las matemáticas

Ejercicio de clase

Resolver las siguientes preguntas sobre la conversión de James de ecuaciones del sistema binario de expresión

1. $A(2C)(3D)(4F)GB_3 = 14$
    $ACD(2F)(6G)(4B)_4 = 10$
    $(4A)(3C)(2D)FGB_3 = -3$

2. $(4B)(3C)DF(8A)M_2 = 16$
    $B(2C)(3D)FAM_3 = 4$
    $(6B)CDF(5A)(6M)_3 = 1$

3. $A(2D)(3B)(4M)FN_2 = 17$
    $(2A)DB(2M)(3F)(2N)_4 = 0$
    $ADBM(6F)(4N)_2 = 22$

4. $XYZ(3P)DQ_2 = -3$
    $(2X)YZP(3D)Q_3 = 11$
    $X(4Y)(3Z)(4P)DQ_5 = 20$

5. $A(3B)(2C)EKM_6 = 12$
    $(2A)BC(2E)KM_3 = 7$
    $ABC(4E)KM_2 = 1$

6. $YX(2B)(3M)DK_3 = 21$
    $(3Y)X(3B)MD(2K)_2 = 6$

$$YXB(2M)(3D)K_3 = -8$$

7. $BKP(4C)(2D)(3F)_3 = 6$
   $(2B)K(3P)CD(2F)_2 = 12$
   $BK(2P)CD(4F)_2 = 8$

8. $MP(2K)(3D)(4Q)C_3 = 11$
   $(2M)(3P)KDQ(4C)_2 = -3$
   $M(4P)K(3D)QC_4 = 5$

9. $MK(3D)CB(4A)_2 = 16$
   $(2M)(4K)(2D)(4C)BA_3 = 28$
   $M(2K)DC(4B)(9A)_2 = 4$

10. $CD(3B)A(6N)M_3 = 20$
   $(2C)(3D)BAN(4M)_2 = 10$
   $CD(4B)(2A)NM_3 = 30$

Respuestas

1. $A = {}^{2153}/_{12966}$, $D = {}^{7995}/_{4322}$, $C = {}^{-7051}/_{6483}$, $F = {}^{17}/_{58347}$, $B = {}^{-799}/_{116694}$, $G = {}^{331}/_{350082}$

2. $M = {}^{483}/_{835284}$, $B = {}^{-729}/_{69607}$, $D = {}^{-67014}/_{69607}$, $C = {}^{72639}/_{139214}$, $F = {}^{-263}/_{3341136}$, $A = {}^{-655}/_{3341136}$

3. $D = {}^{24768}/_{5135}$, $A = {}^{-2272}/_{5135}$, $B = {}^{-26368}/_{5135}$, $N = {}^{533}/_{10270}$, $F = {}^{-255}/_{20540}$, $M = {}^{29}/_{20540}$

4. $X = {}^{52211}/_{988075}$, $Z = {}^{-663861}/_{988075}$, $P = {}^{-119}/_{4940375}$, $Y = {}^{42221}/_{988075}$, $D = {}^{-1301}/_{4940375}$, $Q = {}^{1181}/_{988075}$

5. $A = {}^{8064}/_{653183}$, $K = {}^{-49}/_{3919098}$, $M = {}^{-2}/_{653183}$, $E = {}^{13}/_{7838196}$, $B = {}^{-25200}/_{653183}$, $C = {}^{99792}/_{653183}$

6. $D = {}^{563}/_{17328}$, $K = {}^{-245}/_{5776}$, $M = {}^{-83}/_{8664}$, $X = {}^{10971}/_{5776}$, $Y = {}^{-4545}/_{5776}$, $B = {}^{783}/_{722}$

7. $P = {}^{238}/_{395}$, $B = {}^{-2}/_{79}$, $D = {}^{-11}/_{395}$, $F = D {}^{-2}/_{395}$, $K = {}^{-4}/_{79}$, $C = {}^{3}/_{790}$

8. $M = {}^{108188}/_{12925}$, $K = {}^{-355144}/_{12925}$, $P = {}^{-85924}/_{12925}$, $C = {}^{1127}/_{12925}$, $D = {}^{-2}/_{517}$, $Q = {}^{-1611}/_{25850}$

9. $C = {}^{164}/_{66887}$, $M = {}^{-1312}/_{66887}$, $K = {}^{-2288}/_{66887}$, $D = {}^{47776}/_{66887}$, $B = {}^{-1000}/_{66887}$, $A = {}^{876}/_{66887}$

10. $B = {}^{2160}/_{5869}$, $C = {}^{-945}/_{5869}$, $D = {}^{2115}/_{5869}$, $N = {}^{31}/_{17607}$, $M = {}^{29}/_{5869}$, $A = {}^{175}/_{17607}$

Desde **el** *sabor de* **las matemáticas,
nuestra preocupación es para usted
académicamente brillante en el estudio de las
matemáticas. Nuestros libros están pensados
para los principiantes (los niños), el nivel
básico, el nivel universitario y también
estudiantes de la institución superior pueden
hacer uso de nuestros libros. Visite nuestro sitio
web para que usted sepa dónde puede adquirir
nuestros listados de libros. El sabor de las
matemáticas está realmente preocupada por
usted.**

   i.   **¿Cómo se puede hacer frente en el
estudio de las matemáticas?**

   ii.   **Estás asustado de las ramas de las
matemáticas?**

   iii.   **¿Necesita libros como una referencia
para estudiar más preguntas de
cualquier tema básico en matemáticas?**

   iv.   **Es un problema de matemáticas en su
vida académica?**

   v.   **¿Necesita renacimiento intelectual en el
estudio de las matemáticas?**

A continuación,.... El *sabor de las
matemáticas* **es la respuesta a todas
sus preguntas. Compra nuestros libros y**

liberarse de la opresión de las matemáticas. 100% de éxito está garantizado para usted cuando están conectados a nosotros. Consulte los libros enumerados a continuación nuestra y tienen un gran día por delante

Nuestros libros de la

El sabor de las matemáticas

1. *El sabor de las matemáticas, volumen 1*
2. *El sabor de las matemáticas, volumen 2*
3. *James Aplicación de ecuaciones, volumen 1*
4. *James Aplicación de ecuaciones, volumen 2*
5. *James Aplicación de ecuaciones, volumen 3*
6. *Mi fórmulas (volumen 1)*
7. *Mi fórmulas (volumen 2)*
8. *Las matemáticas es su comida ..(proceso algebraico volumen 1)*
9. *Las matemáticas es su comida ..(proceso algebraico volumen 2)*
10. *Las matemáticas es su comida ..(alpha y beta volumen 1)*
11. *Las matemáticas es su comida ..(alfa y beta, volumen 2)*
12. *Las matemáticas es su comida ..(1) el volumen de procesos aritméticos*

13.   *Las matemáticas es su comida ..(2) el volumen de procesos aritméticos*

14.   *Las matemáticas es su comida ..(progresión aritmética volumen 1)*

15.   *Las matemáticas es su comida ..(progresión aritmética volumen 2)*

16.   *Las matemáticas es su comida ..(teorema Binomial volumen 1)*

17.   *Las matemáticas es su comida ..(teorema Binomial volumen 2)*

18.   *Las matemáticas es su comida ..(Cambio de sujeto Fórmula volumen 1)*

19.   *Las matemáticas es su comida ..(sección Cónica volumen 1)*

20.   *Las matemáticas es su comida ..(sección Cónica volumen 2)*

21.   *Las matemáticas es su comida ..(Cambio de sujeto Fórmula volumen 2)*

22.   *Las matemáticas es su comida ..(Volumen 1 decimales)*

23.   *Las matemáticas es su comida ..(Volumen 2 decimales)*

24.   *Las matemáticas es su comida ..(diferenciación volumen 1)*

25.   *Las matemáticas es su comida ..(Volumen 2 decimales)*

26.   *Las matemáticas es su comida..(el grado y el radián) Volumen 1*

27.   *Las matemáticas es su comida..(el grado y el radián) Volumen 2*

28.   *Las matemáticas es su comida ..(elevaciones y depresiones del volumen 1)*

45. *Las matemáticas es su comida ..(2) el volumen de integración*

46. *Las matemáticas es su comida ..(La longitud y la Latitud volumen 1)*

47. *Las matemáticas es su comida ..(La longitud y la Latitud, volumen 2)*

48. *Las matemáticas es su comida ..(Matrixes volumen 1)*

49. *Las matemáticas es su comida ..(Matrixes volumen 2)*

50. *Las matemáticas es su comida ..(medición Volumen 1)*

51. *Las matemáticas es su comida ..(medición Volumen 2)*

52. *Las matemáticas es su comida ..(Número de volumen base 1)*

53. *Las matemáticas es su comida ..(Número de volumen base 2)*

54. *Las matemáticas es su comida ..(Número 1) volumen de sustitución*

55. *Las matemáticas es su comida ..(Número 2) volumen de sustitución*

56. *Las matemáticas es su comida ..(logaritmo volumen 1)*

57. *Las matemáticas es su comida ..(logaritmo volumen 2)*

58. *Las matemáticas es su comida ..(1) el volumen lógico*

59. *Las matemáticas es su comida ..(2) el volumen lógico*

60. *Las matemáticas es su comida ..(1) el volumen de estadísticas*

61. *Las matemáticas es su comida ..(2) el volumen de estadísticas*

78. *Las matemáticas es su comida ..(polinomios volumen 1)*
79. *Las matemáticas es su comida ..(polinomios volumen 2)*
80. *Las matemáticas es su comida ..(probabilidad volumen 1)*
81. *Las matemáticas es su comida ..(probabilidad volumen 2)*
82. *Las matemáticas es su comida ..(ecuaciones cuadráticas volumen 1)*
83. *Las matemáticas es su comida ..(ecuaciones cuadráticas volumen 2)*
84. *Las matemáticas es su comida ..(cifras romanas volumen 1)*
85. *Las matemáticas es su comida ..(cifras romanas volumen 2)*
86. *Las matemáticas es su comida ..(la secuencia y el volumen 1 de la serie)*
87. *Las matemáticas es su comida ..(la secuencia y el volumen 2 de la serie)*
88. *Las matemáticas es su comida ..(1) el volumen de la teoría de conjuntos*
89. *Las matemáticas es su comida ..(2) el volumen de la teoría de conjuntos*
90. *Las matemáticas es su comida ..(Formulario Estándar volumen 1)*
91. *Las matemáticas es su comida ..(Formulario Estándar volumen 2)*
92. *Las matemáticas es su comida ..(El Círculo teorema volumen 1)*
93. *Las matemáticas es su comida ..(El Círculo teorema volumen 1)*
94. *James conversión Volumen 1*
95. *James conversión Volumen 2*
96. *James conversión Volumen 3*

97. James conversión Volumen 4

98. James conversión Volumen 5

99. James conversión volumen 6.

100. James conversión Volumen 7

101. James conversión Volumen 8

102. James paso 3, 2, 1 la ecuación
     Volumen 1

103. James paso 3, 2, 1 la ecuación
     Volumen 2

104. James paso 3, 2, 3 la ecuación
     Volumen 3

105. James paso 3, 2, 3 la ecuación
     Volumen 4

106. James paso 3, 2, 4 la ecuación
     Volumen 5

107. James paso 3, 2, 4 la ecuación
     volumen 6.

108. James paso 4, 3, 4 la ecuación
     Volumen 7

109. James paso 4, 3, 4 la ecuación
     Volumen 8

110. James paso 4, 3, 2, 1 la ecuación
     Volumen 9

111. James paso 4, 3, 2, 1 la ecuación
     volumen 10

112. James paso 5, 4, 3, 2, 1 la ecuación
     volumen 11.

113. James paso 5, 4, 3, 2, 1 la ecuación
     volumen 12

114. James Aplicación de ecuaciones en
     matriz Volumen 1

115. James Aplicación de ecuaciones en
     Matrix, volumen 2

116. James Aplicación de ecuaciones en
     Surds Volumen 1

208. Matemáticas para principiantes el volumen 23 (la raíz cuadrada y raíz cúbica)

Más libros de nosotros están en el camino para informarle sobre el estudio de las matemáticas. Estamos comprometidos, confiable, fuerte y eficiente para incrementar su cociente intelectual del estudio de las matemáticas. Estancia pegar a nuestro sitio web y blog para más información. Tienen un maravilloso tiempo con nosotros.

AVISO IMPORTANTE a sus estudiantes adorable, MAESTROS Y CLIENTES

Nos disculpamos por cualquier error topográfico en este libro. El sabor de las matemáticas es una compañía de propiedad de las matemáticas Inglés. Los errores no son intencionales y vamos a hacer todo lo posible para reconocer sus correos electrónicos y comentarios en nuestra página web. Además, amablemente le instamos a aceptarnos y patrocinar nuestros libros para ayudarle a tener éxito en sus carreras matemáticos. También estamos encantados de hacerle saber que todos nuestros libros están traducidos a los idiomas siguientes para la habitación su lengua y el interés deseado;

- *Idioma en Inglés*
- *Idioma italiano*

- *Idioma alemán*
- *Idioma Francés*
- *Idioma Español*

Dependiendo de su idioma favorito, comprar los libros, resolver de él, aprender de él inculcar de ella y disfrutar del sabor de las matemáticas.